Ingrid Joemann

Tierisches aus Sperrholz

für Haus, Balkon und Garten

Frech-Verlag Stuttgart

Eine Auswahl weiterer Titel zum Thema „Kreativ mit Holz":

Rolf Jensen
Holz, dekorativ und praktisch
Einfache und auch anspruchsvollere Ideen aus Holz, die in Heim und Haushalt nützlich sind. Leicht nachvollziehbar durch detaillierte Anleitungen entstehen u.a. ein Tablett, ein originelles Gästebuch, Schlüsselbrett oder Serviettenständer.
Mappe A5, Vorlagenbogen
TOPP 1520 ISBN 3-7724-1520-2

Helmut Maier
Kerbschnitzen für Fortgeschrittene
Zahlreiche Beispiele für ornamentale Verzierungen von Möbeln und Einrichtungsgegenständen. Ausführliche Erläuterungen, viele Fotos und exakt gearbeitete Zeichnungen erleichtern das Nacharbeiten.
TOPP 1677 ISBN 3-7724-1677-2

Franz Weiss
Basteln mit Sperr- und Balsaholz
Hier zeigt der Autor Bastelmöglichkeiten für die ganze Familie. Die einfachen Arbeiten können sogar schon von den Kleinen nachgebastelt werden. Aber auch für den versierten Bastelfreund sind Auswahl und Anregungen groß.
32 S., Farbf., Vorlagenbg.
TOPP 1459 ISBN 3-7724-1459-1

Ich bedanke mich für die freundliche Unterstützung der Werkzeugfabrik PEBARO.

Fotos: Frech-Verlag GmbH + Co. Druck KG, 70499 Stuttgart · Atelier Vauth, Datteln

Auflage: 5. 4. 3. 2. | Letzte Zahlen
Jahr: 1997 96 95 94 | maßgebend

frech-verlag GmbH + Co. Druck KG, 70499 Stuttgart

ISBN 3-7724-1721-3 · Best.-Nr. 1721
Druck: Frech-Verlag GmbH + Co. Druck KG, 70499 Stuttgart

In diesem Bastelbuch möchte ich Ihnen Tiermotive zeigen, mit denen Sie die Wohnung, den Balkon oder auch den Garten jahreszeitgemäß dekorieren können. Auch als Mitbringsel oder Geschenk zu verschiedenen Anlässen werden die Steckermotive großen Anklang finden.

Als Startwerkzeug benötigen Sie nur eine Laubsäge und etwas Zubehör, das Sie in jedem Bastelgeschäft kaufen können. Selbst mit Kindern lassen sich viele Motive schon anfertigen.

Als Gemeinschaftsarbeit: einer sägt, ein anderer bemalt und ein dritter dekoriert, können die Sperrholztiere der ganzen Familie vergnügliche gemeinsame Stunden bereiten.

Für alle Motive beachten Sie bitte unbedingt die Arbeitsgänge I-VII, da ich bei den Motivbeschreibungen nicht jedesmal alles wiederholt habe.

Nun wünsche ich allen viel Spaß beim Basteln und Dekorieren

Ingrid Joemann

Werkzeuge und Materialien

- Laubsägebogen, Laubsägebrett
- Sägeblätter für Holz (doppelzahnig, nicht zu grob)
- Feile, Zange, kleine Säge
- Schleifpapier für Holz
- Schere, Bleistift, Kugelschreiber
- Schraubzwinge oder Schraubstock
- als Unterlage zum Sägen: ein altes Frühstücksbrettchen aus Holz
- als Abdeckung für den Tisch: alte Wachstuchdecke, alte Zeitungen
- Sperrholz: limbafurniert, ca. 5 mm stark, in guter Qualität, entweder in der angegebenen Größe oder, wenn Sie mehrere Motive nacharbeiten wollen, eine große Platte
- Farben: wasserverdünnbare Bastelfarbe oder Acryllackfarben (seidenmatt) aus dem Baumarkt
- Lack: wetterfest in matt oder seidenmatt
- Holzleim: wasserfest, wenn die Motive draußen verwendet werden sollen, sonst reicht normaler Holzleim
- Schleifenband, 1-1,5 m je Schleife
- Rundholzstäbe:
  8 mm ø für größere Motive
  6 mm ø für kleinere Motive
- künstliches Grün: Erikamoos, Efeu, Buchsbaum, Herbstlaub, Farn etc.
- Pinsel in verschiedenen Stärken
- Wickeldraht, Isolierband
- Kopierpapier oder Kohlepapier
- Transparent- oder Schreibmaschinenpapier
- leere Teelichte oder ein alter Teller
- 2 leere Marmeladengläser für Wasser und Terpentin

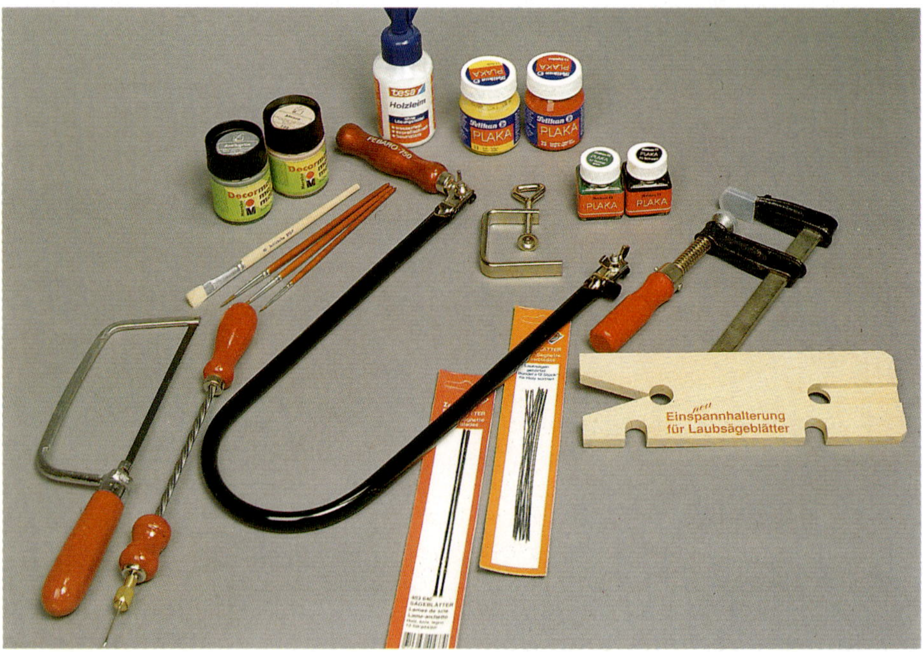

Von einer Sperrholzplatte zum dekorativen Tiermotiv

I. So beginnen Sie

Zunächst fertigen Sie sich eine Schablone vom gewüschten Motiv an:

1. Möglichkeit:
Sie legen Kopier- oder Kohlepapier und ein weißes Blatt unter das Motiv (Vorlagenbogen) und zeichnen die Konturen mit dem Kugelschreiber nach.

2. Möglichkeit:
Sie verwenden transparentes Papier, legen es auf das Motiv und zeichnen die Konturen nach.

3. Möglichkeit:
Sie kopieren das Motiv. Durch Kopieren können Sie ein Motiv auch mühelos verkleinern oder vergrößern!
Wenn Sie das Motiv häufig verwenden wollen, können Sie eine Papierschablone auch auf dünne Pappe kleben. Mit der Pappschablone ist das Aufmalen dann etwas leichter!
Schneiden Sie das Motiv anschließend sorgfältig aus. Um innere Konturen nachzumalen, benötigen Sie trotzdem noch eine ausgeschnittene Papierschablone.

II. So übertragen Sie das Motiv:

Nun übertragen Sie das Motiv auf das Sperrholzbrettchen. Nach Möglichkeit beachten Sie bitte die Richtung der Holzmaserung – sie sollte senkrecht oder waagerecht verlaufen (Pfeil in der Zeichnung des jeweiligen Motivs).

Sie legen die Schablone auf das Holzbrettchen und umzeichnen diese mit einem dünnen Bleistift.

III. So sägen Sie es aus:

Sie befestigen das Laubsägebrett mit der Zwinge an einer Tisch- oder Arbeitsplatte. Nachdem Sie ein Holzsägeblatt mit den Zähnen nach unten, bzw. zum Griff hin, fest in den Laubsägebogen eingespannt haben, kann es losgehen.
Falls Sie das Motiv auf eine große Sperrholzplatte aufgezeichnet haben, sägen Sie das Motiv erst grob aus, damit es handlicher wird.

Mit leichten Auf- und Abwärtsbewegungen, ohne Druck, sägen Sie anschließend entlang der Linien das Motiv aus. In den Ecken sägen Sie auf der Stelle und drehen dabei das Motiv ganz langsam.

Beim Zurückziehen der Säge ebenfalls leichte Auf- und Abwärtsbewegungen machen, da das Sägeblatt sonst sehr schnell reißt. Noch besser ist es, einfach vom Motiv weg durch das Abfallholz nach außen zu sägen, um dann das Sägeblatt an einer neuen Stelle wieder anzusetzen.

Legen Sie die Sperrholzplatte so, daß der Schnitt so nahe wie möglich am Laubsägebrett gemacht wird, weil das Holz dann wenig vibriert und so ein sauberer Schnitt entsteht.

Mein Tip:
Gut gesägt ist halb geschliffen!

IV. So schleifen Sie das Holz:

Das fertig ausgesägte Motiv wird nun geschliffen und gefeilt. Kleine Unregelmäßigkeiten können so noch ausgeglichen werden.
Beachten Sie dabei wieder die Holzmaserung. Schleifen Sie möglichst nicht gegen die Maserung und immer von der Fläche zur Schnittkante, weil sonst die Fasern absplittern könnten.

V. So befestigen Sie das ausgesägte Motiv an einem Rundholzstab:

Bevor Sie mit dem Bemalen anfangen, befestigen Sie das Motiv an einem Rundholzstab. Den Rundholzstab kerben Sie wie folgt ein:

Dafür klemmen Sie den Stab mit einer Zwinge fest auf den Tisch (evtl. altes Holzbrett unterlegen, um den Tisch zu schonen) oder in einen Schraubstock und sägen ihn ca. 1-1,5 cm weit an einer Seite längs ein. Nun eine Hälfte absägen.

Streichen Sie die Schnittstelle mit Holzleim ein, und legen Sie das Holzmotiv an der markierten Stelle auf die Kerbe. Pressen Sie beides mit einer Schraubzwinge fest auf die Arbeitsplatte. Für die Trockendauer beachten Sie bitte die Verarbeitungshinweise des Leimherstellers.
Kürzen Sie anschließend den Rundholzstab auf die gewünschte Länge.

VI. So bemalen Sie das Holztier:

Als Farben verwende ich besonders gern Pelikan Plaka Farben oder Marabu Dekor Matt. Sie sind leicht zu verarbeiten, umweltfreundlich und lassen sich daher auch problemlos von Kindern verwenden.

Soll die Holzfigur ausschließlich draußen Verwendung finden, können Sie auch mit Acryllackfarben arbeiten. Die Holzfigur braucht dann nicht mehr lackiert zu werden.

Da man nicht überall die gewünschten Farbtöne bekommt, kann man auch selbst Farben untereinander mischen, z.B.:

Weiß + Schwarz	=	Grau
Rot + Grün	=	Braun
Gelb + Rot	=	Orange
Gelb + Braun	=	Ocker
Rot + Braun	=	Rotbraun

Mit Weiß hellen Sie Farben auf, mit Schwarz machen Sie Farben dunkler. So lassen sich einige Farbtöne beim Kauf einsparen.

Als Gefäß für das Mischen der Farben verwende ich leere Teelichte oder einen alten Teller.
Für übriggebliebene größere Mengen Mischfarben benutze ich ausgespülte leere Gläschen.

Zum Bemalen Ihres Sperrholzmotives brauchen Sie nun noch die Konturen

und Umrisse der einzelnen Farbfelder. Dafür legen Sie Ihre Papierschablone wieder auf die fertig ausgesägte und geschliffene Holzfigur und drücken mit einem Kugelschreiber die Innenlinien fest durch. Sie erscheinen als Rillen auf dem Sperrholz. Wenn beide Sperrholzseiten identisch sein sollen, wiederholen Sie den Vorgang auf der Rückseite.
Nun können Sie die erste Farbe mit einem flachen Borsten- oder Haarpinsel auftragen. Streichen Sie gleichmäßig in Richtung der Maserung. Auch die Schnittkanten müssen sorgfältig eingepinselt werden. Da die Farben sehr schnell trocknen, können weitere Farbaufträge meistens sofort vorgenommen werden.

Konturen können Sie mit einem dünnen Haarpinsel und etwas mit Wasser verdünnter Farbe nachzeichnen. Dafür verwende ich den Farbrest, der vom Schütteln des Gläschens im Dekkel verbleibt. Nehmen Sie einfach einen nassen Pinsel und verrühren Sie ihn mit dem Farbrest.
Lackstifte eignen sich für diesen Arbeitsgang nur, wenn das fertige Motiv anschließend nicht mehr lackiert wird. Da Stift und Lack meistens Lösungsmittel enthalten, läuft beides ineinander und die Konturen werden unscharf.
Die mit Farben angemalten Motive können bei Bedarf wetterfest lackiert werden und halten auch mal einen Regenguß aus.

Achtung:
Pinsel auswaschen nicht vergessen!

VII. So dekorieren Sie das fertige Holztier:

Zum weiteren Dekorieren der Holzmotive verwende ich vorwiegend künstliches Grün, wie z.B. Seidenbuchsbaum, Farn, Efeu etc. Sie können auch echtes Grün verwenden, es hat jedoch den Nachteil, daß sie dieses öfter auswechseln müssen.
Wählen Sie das Grün möglichst passend zum Motiv: z.B. paßt der Buchsbaum gut zu österlichen Motiven, das Efeu zu Waldvögeln, das bunte Herbstlaub zu herbstlichen Tieren etc. Befestigen Sie das Grün mit Wickeldraht unterhalb des Motives und drapieren Sie es vor oder um das Tier.

Als Schleifenband eignet sich besonders gut unifarbenes Band in verschiedenen Breiten. Verwenden Sie gemusteres Band bitte sparsam, da es vom Motiv ablenkt und es nicht unterstreicht.
Die Farben wählen Sie wieder passend zum Motiv und zum Grün. Alles sollte miteinander harmonieren.
Beim Binden machen Sie eine kleine Schleife. Die Enden sollten beide nach unten hängen. Schneiden Sie die Enden schräg ab, das sieht gefälliger aus.
Nach einiger Zeit werden die Schleifen, wenn Sie das Holztier auch im Regen draußen stehen lassen, schlaff herunterhängen. Sie können dann einfach wieder aufgebügelt und neu befestigt werden.

Theo und Karl, die Hähne

Figurengröße: 23 cm x 25 cm
Sperrholz: 25 cm x 30 cm

Theo: weiß, hellgrau, gelb, signalrot, hautfarben
Karl: gelbbraun, braun, gelb, signalrot, hautfarben

Theo: gelb, rot, weiß
Karl: gelb, rot, cremeweiß

Buchsbaum oder Farn

Besonders für die Dekoration um die Osterzeit, aber auch bis in den Herbst hinein, eignen sich Theo und Karl.

Theo (rechts) wird nach den Arbeitsgängen I-V (Seite 5/6) in der Grundfarbe Weiß und Karl (links) in Braun (Körper und Schwanz) und Gelbbraun (Kopfteil) grundiert. Die Flächen für die andersfarbigen Körperteile können dabei ausgespart werden.
Der Kamm und der Kehllappen werden bei beiden in Signalrot und der Schnabel in Gelb bemalt.
Zur Darstellung der Schwanzfedern und der Flügel wählte ich bei Theo nur schlichtes hellgrau und bei Karl signalrot, gelb, braun, gelbbraun und hautfarben.
Nehmen Sie hierzu nur wenig Farbe auf einen breiten Haarpinsel (z.B. von der Restfarbe im Deckel) und streifen Sie ihn nochmals auf Papier ab, bevor Sie mit leichten Streichbewegungen in eine Richtung die Federn andeuten.
Theos Augen werden mit einem dünnen Haarpinsel in Grau, Schwarz und Weiß und Karls Augen in Schwarz und Weiß aufgetupft.

Sicherlich sehen die Hähne auch in anderen Farbkompositionen, z.B. ganz bunt, lustig aus. Wählen Sie die Farben passend zum gewünschten Blumenarrangement.
Theo gefällt mir in einem Kübel mit Frühlingsblumen in Rot, Gelb und Blau. Karl dagegen eher in herbstlichen Blumen. Einen bunten Hahn würde ich in eine unifarben bestückte Blumenschale stecken.

Für die weitere Dekoration des Motives beachten Sie bitte Arbeitsgang VII (Seite 7).

Arthur und Agathe, die Gänse

Figurengröße: 20 cm x 20 cm
Sperrholz: 22 cm x 22 cm

weiß, hellgrau, signalrot oder blau, schwarz, ocker

weiß, rot oder blau, evtl. gestreiftes Schleifenband

Buchsbaum

Arthur und Agathe gefallen sich sicher nicht nur gegenseitig, sondern auch Ihnen, und das nicht nur zur Osterzeit, in frühlingshaften Blumenkübeln. Ganz im Trend der Zeit lassen auch sie sich fast das ganze Jahr über zur Dekoration verwenden.

Arthur und Agathe werden beide weiß grundiert (Schnabel und Schleife dabei aussparen) und anschließend können die Konturen für das Gefieder mit einem dünnen Pinsel in Grau aufgemalt werden.
Die Schleife wird in Rot oder Blau ausgemalt. Die Schnäbel bekommen die Farbe Ocker und die Augen die Farben Grau, Schwarz und Weiß.
Zum Schluß können Sie die Schleife noch mit kleinen weißen Pünktchen versehen.

Mein Tip:
Eine weitere Verwendungsmöglichkeit finden Sie auf der Seite 32. In verkleinerter Form habe ich die Gänse hinter ein Grasbüschel (in Antikgrün) aus Sperrholz geleimt.
Einfache kleine Metallhaken zum Eindrehen aus dem Eisenwarengeschäft machen dieses Gänsepaar zum Schlüsselbrett für die Küche.
Zum Aufhängen habe ich zwei selbstklebende Bilderhaken verwendet.

Josephine, das Täubchen

Figurengröße: 14 cm x 22 cm
Sperrholz: 25 cm x 25 cm

weiß, grau, dunkelrot (rot + schwarz gemischt), rosa (rot + weiß gemischt)

weiß, weinrot, rosa

Efeu

Möchten Sie jemandem einen freundlichen Gruß zukommen lassen? Das Täubchen ist sicherlich ein hübscher Überbringer. Wenn es dann noch in einer rosaweißen Azalee oder in einer efeuberankten Dekospirale steckt, haben Sie ein nicht alltägliches Geschenk.

Nach dem Schleifen leimen Sie den hinteren Flügel an den Körper (gestrichelte Linie) und malen alles weiß an. Die Flügel erhalten graue Konturen. Das Gefieder wird mit einem angetrockneten Pinsel und wenig Farbe am Pinsel in Grau angedeutet. Für den Schnabel verwenden Sie dunkelrot und rosa.

Wer möchte, kann den Schnabel auch einsägen und als Gruß einen Minibrief in den Schlitz klemmen.

Jonathan, die Möwe

Figurengröße: 21 cm x 13 cm
Sperrholz: 25 cm x 15 cm

weiß, grau, gelb, signalrot, schwarz

gelb, weiß, hellgrün

Isolepsis-Ziergras in hellgrün

Für den Sommer eignet sich Jonathan besonders gut.

Nachdem Sie den Vogel weiß grundiert haben, bekommt er einen gelben Schnabel mit einem roten Punkt im unteren Teil.
Die Fläche für die Flügel malen Sie ganz in Grau an und verwischen anschließend mit Weiß die Konturen und die graue Fläche.
Wählen Sie für den Trennstrich im Schnabel und für das Auge die graue Farbe. Die Pupille wird in Schwarz gemalt.

Valentin, der Schwan

Figurengröße: 20 cm x 16 cm
Sperrholz: 22 cm x 18 cm

weiß, grau, schwarz, orange (gelb + rot gemischt)

weiß, rosa oder hellblau

Farn oder Buchsbaum

Als Geschenk zur Hochzeit oder für den sommerlichen Garten eignet sich der Schwan.

Ganz in Weiß präsentiert er sich mit grauen Gefiederkonturen, die aufgetupft werden und einem Schnabel in Orange. Der Höcker, der Trennstrich im Schnabel und das Auge werden zum Schluß in Schwarz gemalt.

Übrigens:
Wußten Sie, daß ein Schwanenpärchen sein Leben lang zusammenbleibt, wenn es sich einmal gefunden hat? Daher auch der Symbolcharakter als Geschenk zur Hochzeit!

Adebar, der Storch

Figurengröße: 14 cm x 23 cm
Sperrholz: 15 cm x 25 cm

weiß, schwarz, orange (rot und gelb gemischt)

weiß, rosa oder hellblau

Farn oder Buchsbaum

Auch wenn man nicht mehr an den Klapperstorch glaubt, ist und bleibt er ein nettes Symbol zur Geburt, und er macht einen einfachen Blumenstrauß zum originellen Geschenk.
Wer es mag, kann ihn mit rosa oder hellblauem Schleifenband verzieren.

Malen Sie zuerst die Flügelspitzen in Schwarz an.
Nachdem Sie den Schnabel orange und das restliche Gefieder weiß bemalt haben, verwischen Sie am Flügel den Übergang zu schwarz mit leichten Pinselstrichen in Weiß.
Nun nur noch die restlichen schwarzen Konturen laut Abbildung auftragen und das Auge, wie den Schnabel, in Orange malen. Die Pupille natürlich wieder in Schwarz.

Arabella, der Papagei

Figurengröße: 12 cm x 23 cm
Sperrholz: 15 cm x 25 cm

signalrot, blau, gelb, gelbbraun, hautfarben, schwarz

rot, blau, gelb

ca. 10 schmale Blätter oder ein Palmblatt

Arabella und Loretta passen gut in exotische Topfblumen, z.B. Palmen.

Arabellas Gefieder wird zunächst in Rot, Gelb und Blau aufgemalt.
Das Gesicht wird ausgespart und bleibt naturfarben, der Schnabel bekommt eine gelbbraune Farbe.
Nun das Gefieder mit Rot, Blau und Gelb betupfen.
Zum Schluß das Auge hautfarben mit einer schwarzen Pupille aufmalen.

Loretta, der Kakadu

Figurengröße: 16 cm x 16 cm
Sperrholz: 20 cm x 20 cm

Mischung signalrot + weiß, weinrot, gelb, weiß, grau, schwarz

lachsrosa, weiß

Palmblatt oder Farn

Loretta sieht auch hübsch in lachsfarbenen oder weißen „Fleißigen Lieschen“ oder Geranien aus.

Der Kakadu Loretta wird mit einer Mischung aus signalrot und weiß grundiert. Die Flügel werden weiß bemalt und das Häubchen zunächst mit Weiß und dann wie auf dem Foto mit Weinrot und Gelb verziert. Der Schnabel und das Auge bekommen die Farbe Grau, die Flügel werden mit einem angetrockneten Pinsel in Grau und das übrige Gefieder mit Weiß betupft. Pupille nicht vergessen!

Cinderella, der Schmetterling

Figurengröße: 12 cm x 9 cm
9 cm x 7 cm
7 cm x 6 cm

Sperrholz: Je Schmetterling 1-2 cm größer als das fertige Motiv

weiß, weinrot, hellgrau, rosa (Mischung)

weiß, rosa, weinrot

Erikamoos

Für sommerliche Sträuße, Blumenkörbe, -kübel und -kästen eignen sich die Schmetterlinge. Drei verschieden große Beispiele in Weiß, Rosa und Weinrot, die sehr gut zu Fuchsien passen, sind auf Seite 21 abgebildet.
Diese Muster sollen nur eine Anregung sein. Sie können Phantasiemuster wählen oder sich an den Farbmustern echter Tiere orientieren.

Wählen Sie die Farben der Schmetterlinge passend zu den Blütenfarben, zu denen Sie die Schmetterlinge arrangieren wollen.

Tragen Sie zunächst eine Grundfarbe auf.
Skizzieren Sie danach auf einer Papierschablone mit einem Bleistift Ihre Idee für ein Muster und übertragen Sie dieses auf das Sperrholz.
Bemalen Sie den Schmetterling mit einem dünnen Pinsel und Farben, die zur Grundfarbe passen.
Wählen Sie das Schleifenband farblich passend zum Schmetterling aus.

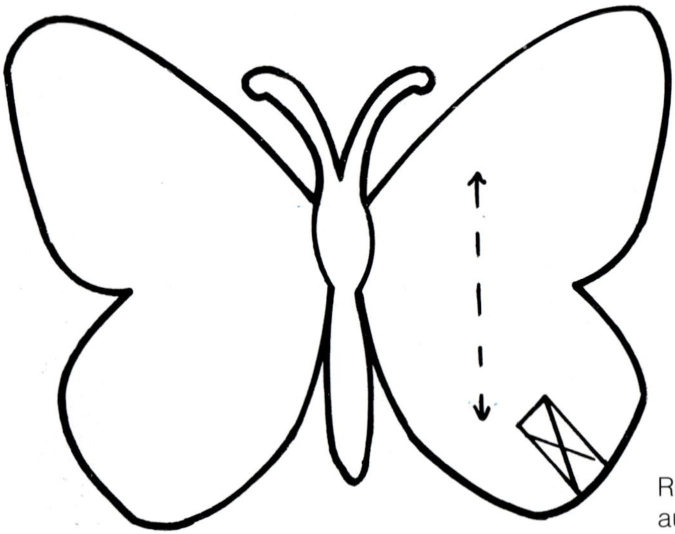

Restliche Zeichnungen auf dem Vorlagenbogen

Eduard, der Reiher

Figurengröße: 23 cm x 40 cm
Sperrholz: 25 cm x 42 cm

schwarz, weiß, grau, gelbbraun

Haben Sie einen Gartenteich? Dort ans Ufer paßt unser Eduard sicher gut. Mit langen Beinen steht er unbeweglich da, und versucht einen Fisch zu erhaschen! Vorsicht: Nicht durch die Teichfolie stecken!

Weiß, Schwarz und Grau sind die Grundfarben für das Gefieder dieses großen Vogels, wie man auf dem Foto leicht erkennen kann. Der Schnabel, die Augen und die beiden angeleimten Rundholz-Stelzenbeine bekommen die Farbe Gelbbraun.
Zum Schluß noch den Trennstrich im Schnabel, die Konturen im grauen Gefieder und die Pupille in schwarzer Farbe auftragen.
Damit die graue Fläche noch etwas aufgelockert wird, mit leichten Pinselstrichen und durch Auftupfen des Pinsels Federn andeuten.

Leopold, der Frosch

Figurengröße: 17 cm x 12 cm
Sperrholz: 20 cm x 15 cm

antikgrün, weiß, schwarz

rosa, weiß

2 Seerosenblätter, 1 Seerose

Leopold möchte in wasserliebenden Pflanzen sitzen. Haben Sie ein Zyperngras oder einen Zimmerspringbrunnen? Hier gehört er hin! Der Frosch ist leicht nachzuarbeiten, Sie benötigen nur wenig Farben! Für den Körper habe ich antikgrün gewählt.
Die Konturen sehen in Schwarz am besten aus und das Auge sollte mit Weiß und Schwarz gemalt werden.

Mein Tip:
Wird der Frosch in Wasser oder sehr nasse Erde gesteckt, umwickeln Sie den unteren Teil des Rundholzstabes fest und ohne Lücke mit Isolierband, damit das Holz geschützt wird.
Nach einiger Zeit werden Sie den Rundholzstab vielleicht erneuern müssen.

Nicki, die Hausmaus

Figurengröße: 10 cm x 7 cm
Sperrholz: 10 cm x 10 cm

grau, rosa, schwarz

rosa, weiß

Erikamoos

Das Mäuschen paßt zur Katze in einen Blumenkasten auf dem Fensterbrett.

Sein Körper wird einfach in Hellgrau und die Öhrchen und das Näschen in Rosa angemalt.
Schnurrhaare, Augen und Krallen werden in Schwarz aufgetragen.

Julchen, die Katze

Figurengröße: 36 cm x 19 cm
Sperrholz: 40 cm x 20 cm

weiß, schwarz, ocker, antikgrün

rot

Versehen mit einer Schleife um den Hals sieht die Katze in jedem Blumenkasten auf dem Fensterbrett nett aus. Ich persönlich habe Julchen auf einem Garagentor angebracht, nachdem ich das Tor als Natursteinmauer angemalt habe. Sie ist ein hübscher plastischer Blickfang, der jeden Passanten überrascht.

Wenn Sie Julchen nachbasteln wollen, übertragen Sie die Konturen für die Flächen vom Vorlagenbogen.

Nachdem Sie zuerst die weißen und dann die schwarzen Flächen ausgemalt haben, können Sie die Augen in Ocker, Antikgrün und Schwarz auftragen. Die weißen Schnurrhaare malen Sie am besten mit einem ganz dünnen Pinsel.

Das zweite Ohr wird vor dem Anmalen mit Bastelleim befestigt.

Mein Tip:

Versuchen Sie doch mal, die Fellzeichnung Ihrer eigenen Katze oder die des Nachbarn nachzumalen!

Hugo und Erwin, die Schnecken

Figurengröße: 14 cm x 8 cm
Sperrholz: 15 cm x 10 cm pro Schnecke

gelbbraun, braun

grün, apricot

Erikamoos

Diese beiden dürfen ruhig mal durch Ihren Garten oder Blumenkasten kriechen, sie richten keinen Schaden an.

Stecken Sie die Schnecken in einen Blumenkasten auf dem Fensterbrett, in einen Bubikopf, oder sammeln Sie im Wald verschiedene Moosarten.
In einer Schale mit Zweigen, Zapfen etc. arrangiert, werden sie zum dekorativen Blickfang in Ihrer Wohnung.
Entweder wird der Körper oder das Schneckenhaus in Gelbbraun angemalt, der Rest bleibt naturfarben. Für die Konturen auf dem Haus verwenden Sie Braun.

Fritz und Frieda, die Spatzen

Figurengröße: 10 cm x 10 cm
Sperrholz: 12 cm x 12 cm je Spatz

braun, hell- und dunkelgrau, schwarz, hautfarben, gelbbraun

braun, apricot

Erikamoos

Fritz und Frieda machen sich gut in einem Blumenkasten auf der Fensterbank. Aber besonders schön sehen sie in einem Arrangement aus getrockneten Blättern und Früchten (wie Beerenzweige, Haselnüsse, Bucheckern, Kastanien, Moos) in einem nostalgischen Drahtkorb oder geflochtenen Weidenkorb aus.

Die einzelnen Flächen werden in Braun und Hellgrau angemalt. Bei Fritz kommt noch Schwarz dazu. Das Gefieder wird durch leichte Pinselstriche mit einem angetrockneten Pinsel und wenig Farbe in Grau, Schwarz und Hautfarben dargestellt.
Friedas Schnabel erhält die Farbe Gelbbraun, während der von Fritz in Dunkelgrau angemalt wird. Die Krallen bekommen bei beiden die Farbe Gelbbraun.

Pit, das Eichhörnchen

Figurengröße: 17 cm x 18 cm
Sperrholz: 20 cm x 20 cm

rotbraun, dunkelbraun

braun, grün, apricot

künstliche Haselnüsse, künstliches Herbstlaub

Für Pit brauchen Sie nur die Farbe Rotbraun oder eine Mischung aus signalrot und braun. Der Bauch, das Auge und das Innenohr bleiben naturfarben.
Für die Konturen, die Pupille und die Darstellung des struppigen Schwanzes und der Ohren verwenden Sie am besten dunkelbraun oder schwarz.

Wenn Sie im Bastelgeschäft künstliche Haselnüsse und künstliches Herbstlaub bekommen können, binden Sie es an den Rundholzstab – das unterstreicht den herbstlichen Charakter.

Mecki, der Igel

Figurengröße: 18 cm x 13 cm
Sperrholz: 20 cm x 15 cm

braun, schwarz

braun, grün, orange

künstliches Herbstlaub

Der Herbst ist da, und der Garten verwandelt sich. Wer keine echten Eichhörnchen oder Igel beobachten kann, bastelt einfach diese Tiere. Stecken Sie Pit oder Mecki in eine winterharte Chrysantheme oder in eine Bodenvase mit herbstlichen Zweigen.

Meckis Stachelkleid und das Pfötchen werden dunkelbraun gemalt, der Bauch bleibt naturfarben.
Nach dem Trocknen mit einem dünnen Pinsel die Stacheln, das Näschen, die Augen, die Ohren und die Krallen aufmalen.

Versuchen Sie unbedingt, künstliches Herbstlaub zu kaufen, es paßt am besten als Verzierung für Mecki.

Waldemar, das Käuzchen

Figurengröße: 16 cm x 22 cm
Sperrholz: 20 cm x 25 cm

dunkelbraun, braun, hautfarben, gelb, gelbbraun, schwarz

Efeuschleife, grün

Ästchen, Efeu

Er hat dunkelbraune Flügel und eine dunkelbraune Stirnpartie. Während die Rückseite ganz in Dunkelbraun gehalten ist, bleiben der Bauch und das Gesicht naturfarben.

Das Gefieder habe ich durch Aufdrücken eines Haarpinsels mit den Farben Haut und Braun dargestellt.

Die Augen werden durch die gelbe Farbe besonders betont. Sie werden kaum umrahmt und bekommen eine schwarze Pupille. Um die Augen malen Sie hautfarbene, strahlenförmige Linien, wie es das Foto zeigt. Sie betonen die Augen noch mehr.

In herbstlichen Zweigen oder in eine Efeuranke gesteckt, sieht Waldemar hübsch aus. Zusätzlich zur grünen Efeuranke können Sie einen kleinen Ast unterhalb der Figur am Rundholzstab befestigen. Es sieht dann so aus, als säße Waldemar auf einem Ästchen.

Heinrich, der Erpel

Figurengröße: 23 cm x 16 cm
Sperrholz: 25 cm x 20 cm

braun, dunkelgrün, weiß, schwarz, blau, ocker oder gelbbraun

cremeweiß, grün, rostbraun

Farn

Beginnen Sie mit den weißen Flächen: Halsring, Schwanzfedern und Flügel. Tragen Sie dann die ockergelbe Farbe für den Schnabel und die dunkelgrüne Farbe für den Kopf auf.
Nachdem Sie die braunen Flächen (Brustteil und Schwanzteile) ausgemalt haben, tupfen Sie mit wenig Farbe am Pinsel das restliche Gefieder auf.
Auf dem Flügel fehlt nun noch die kleine blaue Fläche und etwas schwarz. Malen Sie anschließend den Schnabeltrennstrich, das Auge und das untere Schwanzteil ebenfalls mit Schwarz.

Der Erpel gefällt mir besonders gut in herbstlichen Sträußen oder in Trockenblumen. Er sieht auch in einem Zyperngras oder in einer Bambusstaude gut aus.

Mein Tip:
Auf Seite 32 finden Sie eine weitere Anwendungsmöglichkeit für Heinrich!

1993